漏电危险 就在身边　　　　　这些知识 不可不知

漏电防范简明科普

主　编　僧雪明　何　涛　李　鑫

指导单位　中国灾害防御协会
主编单位　漏四堡电力科技有限公司

中国建设科技出版社 有限责任公司
China Construction Science and Technology Press Co., Ltd.

北　京

图书在版编目（CIP）数据

漏电防范简明科普/僧雪明，何涛，李鑫主编．
北京：中国建设科技出版社有限责任公司，2025.6.
ISBN 978-7-5160-4453-7

I. TM92-49

中国国家版本馆 CIP 数据核字第 2025J7Z394 号

漏电防范简明科普
LOUDIAN FANGFAN JIANMING KEPU
主　　编　僧雪明　何涛　李鑫
指导单位　中国灾害防御协会
主编单位　漏四堡电力科技有限公司

出版发行：中国建设科技出版社有限责任公司
地　　址：北京市西城区白纸坊东街 2 号院 6 号楼
邮政编码：100054
经　　销：全国各地新华书店
印　　刷：北京印刷集团有限责任公司
开　　本：710mm×1000mm　1/16
印　　张：4
字　　数：56 千字
版　　次：2025 年 6 月第 1 版
印　　次：2025 年 6 月第 1 次
定　　价：39.00 元

本社网址：www.jskjcbs.com，微信公众号：zgjskjcbs
请选用正版图书，采购、销售盗版图书属违法行为
版权专有，盗版必究。本社法律顾问：北京天驰君泰律师事务所，张杰律师
举报信箱：zhangjie@tiantailaw.com　举报电话：（010）63567684
本书如有印装质量问题，由我社事业发展中心负责调换，联系电话：（010）63567692

序

电能不仅大幅提升了工业生产效率,更深刻改变了社会生活方式,推动人类正式迈入电气时代。然而,电力系统如同所有技术应用,唯有遵循其内在规律,正确使用与维护,方能充分发挥电能优势。电力系统一旦发生故障,往往会造成严重后果,因此确保其安全稳定运行至关重要。

这本科普读物聚焦"漏电"这一常见电气故障,系统地阐释了其危害成因及多场景预防措施,将有效提升读者的安全防范意识和应急处置能力。

漏四堡电力科技有限公司多年来深耕用电安全领域,以科技创新为核心驱动力,针对漏电故障持续攻关。公司成功研发了涵盖漏电回流谐波抑制装置、5G RedCap 漏电本质解决系统、5G 智慧物联网漏电解决方案及移动智能插排等系列创新产品,实现了从传统继电保护到微电子信息技术产品的智能化升级转型。这些创新成果也构成了本科普读物的内容亮点。

在中国灾害防御协会的指导下,漏四堡电力科技有限公司精心编写了《漏电防范简明科普》一书。本书旨在普及漏电防范基础知识,为低压终端用户提供系统性的用电安全指南,内容涵盖设备设施的设计规范、日常维护检修要点及故障排查方法等关键环节。

科普读物是科技工作者向公众普及科学知识的重要载体,也是其社会责任的重要体现。作为科技型企业,主编单位主动承担科普创作工作,展现了高度的社会责任感。这些科普作品不仅助力公众安全生活生产，更为提升人民群众的获得感、幸福感和安全感贡献了科技力量。

本科普读物颇具特点，通过"小知识"深入解析重点概念，以"小贴士"强调安全事项，并采用分类符号对各类问题分级标注，帮助读者快速掌握关键信息。

本书的出版将为普及漏电防范知识、预防电力系统及用电设备漏电引发的安全事故发挥重要作用。

蒋明麟

2025 年 3 月

前 言

电与人类生活息息相关，是我们不可或缺的重要能源。

电在为人类生活提供便利的同时，也潜藏着不容忽视的安全隐患。其中，漏电作为最常见的电气故障之一，不仅会造成电能浪费、设备损坏和供电中断，更可能引发触电事故，严重威胁人身安全，甚至酿成无法挽回的生命财产损失。

那么，生活中您是否曾遭遇过漏电问题，甚至亲历因漏电引发的触电或火灾事故？是否清楚漏电的真正原因？更重要的是，您是否掌握了简单有效的防范措施，并具备基本的漏电防护意识？一旦发生漏电故障，能否冷静采取正确的应对方法？

漏电事故并不罕见。不少人曾遭遇过不同程度的触电或电气火灾，却往往对漏电原因一知半解，更缺乏有效的防范知识。当真正面对漏电危险时，恐慌和无助成为最常见的反应。正因如此，系统学习防漏电知识、掌握科学应对的方法尤为重要。这不仅能有效提升我们的安全防范意识，更能帮助我们在关键时刻保护自己和家人的生命财产安全。

自然灾害难以避免，但漏电风险必须严防。为贯彻落实《国务院安委会办公室 应急管理部关于印发〈推进安全宣传"五进"工作方案〉的通知》（安委办〔2020〕3号）要求，着力面向企业、农村、社区、学校、家庭加强社会公众安全宣传教育，进一步提高全社会整体安全水平，漏四堡电力科技有限公司在中国灾害防御协会的指导下，以"漏电防范"作为科普宣传的切入点，将漏电防范知识编写成册，让安全知识更接地气、更入民心、更见实效。

  本书适用于额定电压 440V 及以下电力终端设备的漏电防范知识科普，共分 6 章，主要内容包括漏电事故典型案例、认识漏电、为什么会漏电、漏电有哪些异常现象、如何排查漏电隐患问题、常见场所有哪些漏电防范方法等。

  为帮助读者更高效地掌握内容，本书特别设计了以下辅助阅读模块："小知识"用于拓展重点概念，"小贴士"提供关键安全提示，√标记推荐方法，×警示问题或错误操作，●则用于强化核心内容的记忆。这些设计旨在提升学习效果，使关键信息一目了然。

  由于漏电情况复杂，限于编者水平，书中疏漏和不妥之处在所难免，恳请读者不吝指正。

编　者

2025 年 5 月

目 录

1 漏电事故典型案例

1.1 触电伤亡事故案例   1
1.2 火灾事故案例   2
1.3 停电事故案例   4

2 认识漏电

2.1 电工常识   6
2.2 什么是漏电   8
2.3 漏电是怎样产生的   9
2.4 漏电的危害有哪些   13
2.5 常见的漏电保护方式有哪几种   16
2.6 低压配电系统有哪些漏电点   17

3 为什么会漏电

3.1 设备或线路自身问题   19
3.2 安装施工不规范   20
3.3 操作使用不当   20
3.4 保护功能失灵   21
3.5 维护保养不到位   21
3.6 安全防范意识不强   21
3.7 其他原因   22

4 漏电有哪些异常现象

4.1	电度表读数异常	23
4.2	断路器跳闸频繁	23
4.3	线路局部发热	23
4.4	线路或电气设备有异味	23
4.5	电气设备指示灯显示不正常	24
4.6	电气设备外壳带电	24
4.7	电气设备使用寿命缩短	24

5 如何排查漏电隐患问题

5.1	观察电气设备外观是否正常	25
5.2	询问相关人员了解设备状况	25
5.3	查看计量表读数是否正常	25
5.4	闻听电气设备有无异味异响	26
5.5	检查保护功能是否正常有效	26
5.6	检测相关电气指标有无异常	26
5.7	查验电气设备外壳是否带电	27
5.8	确认保护接地装置是否完好	27

6 常见场所有哪些漏电防范方法

6.1	企业	30
6.2	农村	34
6.3	社区	37
6.4	学校	40
6.5	家庭	44

附录　漏电防范前沿技术探析——漏四堡 5G 智慧物联网漏电本质解决方案　49

1 漏电事故典型案例

1.1 触电伤亡事故案例

案例一

2023年某月,某公司水泵房内发生一起触电事故,致1人死亡,直接经济损失约120万元。调查发现,该公司工作人员袁某在没有向生产管理人员、主机楼操作人员报备,未确定输水泵电源是否切断的情况下,擅自一人拆卸管道法兰更换封水阀,导致触电死亡。事故原因是输水泵电机进水漏电。

案例二

2022年某月,某公司一车间发生一起触电事故,造成1人死亡,直接经济损失约130万元。事故原因是配电箱箱门背面的电加热设备开关上一根电线接头从接线柱上松脱,带电线头接触到配电箱箱门,同时配电箱的外壳未采取接地保护措施,造成配电箱外壳带电。马某右手接触配电箱边框时,发生触电事故。

漏电防范简明科普

案例三

2020年某月,某公司作业人员在一项目工地内拆除围挡时,发生一起触电事故,造成2人死亡。事故原因是项目工地二级总配电箱保护零线虚接,接地电阻大,致使接地保护装置处于失效状态,同时放置在电缆上的钢模板戳破电缆护套和绝缘层,引发钢模板带电伤人。

1.2 火灾事故案例

案例一

2024年某日,某老旧小区的一户居民家中突发火灾。经调查,事故原因是室内电线严重老化,一处绝缘层破损导致漏电,加上保护装置不灵敏,漏电产生的电火花引燃了周边的易燃物品。另事发时该户家中无人,火势迅速蔓延,虽无人员伤亡,但造成了较大的经济损失。

案例二

2022年某月,一农家院发生火灾,过火面积为50m²。据悉,事故原因是该农家院用电线路老化,电线破损,且未装漏电保护装置。漏电产生的电火花引发木制房屋迅速燃烧。

案例三

2021年某日,某产业开发区一婚纱门店发生火灾,事故造成15人死亡、25人受伤,过火面积为6200m²,直接经济损失3700余万元。事故原因是该店"婚礼现场"摄影棚上部照明线路漏电,击穿其穿线蛇皮金属管,引燃周围可燃仿真植物装饰材料。

在该起事故中,照明线路漏电时,保护装置失灵,未能在第一时间切断线路电源。

漏电防范简明科普

1.3 停电事故案例

▌案例一

2024年某日,某街道金融中心突然停电,高达176m的写字楼内14台电梯同时停运,有市民称被困电梯长达40min。后经调查确认,该金融中心部分办公区域停电系用户自有供电线路(专线)漏电引发短路导致越级跳闸。

▌案例二

2022年某日,某小区居民在家中正准备晚餐,突然一片漆黑,整个小区停电。居民纷纷走出家门,查看情况。小区物业迅速组织人员进行排查。经调查,发现一处悬吊的电线未固定牢靠,且长期受风力晃动,导致与电缆桥架接触处磨损漏电。漏电越级触发了配电室的总保护装置,造成整个小区供电中断。

案例三

2024年某日,某小区居民反映,该小区居民楼一周内竟发生了两次电梯"关人"的情况,人在乘坐电梯的时候,电梯突然断电,一动不动,按键全部失灵,手机也无法和外界取得联系。后经物业检查发现,停电的原因是电梯机房的电缆漏电启动保护,导致断电。

小知识:漏电事故能够预防吗?

上述这些典型事故案例只是我国每年发生的众多漏电事故中的冰山一角。那么,漏电事故难道是"洪水猛兽"无法"驯服"吗?

当然不是。从相关事故案例分析来看,漏电发生的根源不外乎与电器设备的生产制造、安装施工、操作使用和管理运维等环节人员的漏电防范意识、认知水平、责任心、防范手段和措施有关。

只要全面加强漏电防范知识科普,切实增强全社会的漏电防范意识和认知水平,合理配置必要的技术防范手段,严格遵循相应标准规范规定的要求,不断完善漏电防范措施,漏电事故是可以做好有效预防与减少的。

2 认识漏电

2.1 电工常识

1. 电路常识

电路一般由电源、导线、开关电器及负载组成，如图2-1所示。

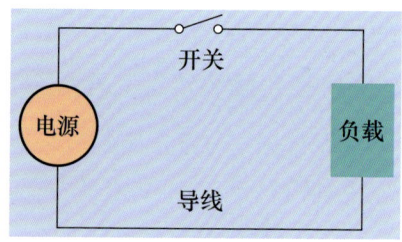

图2-1 电路组成示意

● 电源：是提供电能的装置，如电池、发电机、电网等。
● 导线：用于连接电源、开关电器和负载，使其构成回路，保障电流能够流通。低压系统中常见的导线如火（相）线、零（中性）线和接地（保护）线。
● 开关电器：控制电路的通断，实现对电路工作状态的分断与闭合控制。低压线路常见的开关电器有空气断路器、控制开关、插头插排（座）等。
● 负载：是消耗电能的装置。例如，日光灯将电能转化为光能，电饭煲、电水壶、电烤炉、电蒸箱等将电能转化为热能，洗衣机将电能转化为机械能，电风扇将电能转化为风能，电视机将电能转化为声、光及热能等。

另外，为了保护电路安全、可靠、稳定的运行，电路中还加装有带保护功能的电器，如断路器、熔断器、漏电保护器等，用于在异常情况下自动切断电源。

小知识：认识火线、零线和接地线

火线、零线和接地线是低压配电系统中非常重要的三种线，其功能各不相同，包裹导体的绝缘护层表面的颜色也不一样。

火线，学名相线，用 A、B、C 表示，有时也用 L1、L2、L3 表示。对应的绝缘层表面颜色为红、绿、黄三种，如图 2-2 所示。火线是带电线路，应保持安全距离。

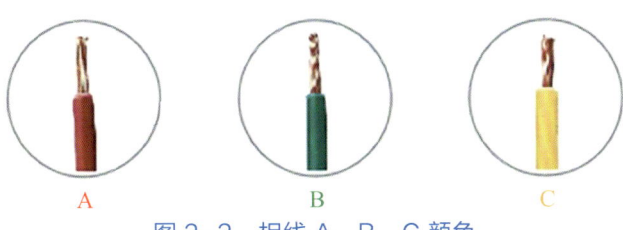

图 2-2　相线 A、B、C 颜色

零线，学名中性线，用 N 表示，对应的绝缘层表面颜色为蓝色，如图 2-3 所示。中性线与相线一起构成用电回路，在回路通电时，中性线有电流通过，操作时需多加小心。

接地线，学名保护线，常用 PE 表示，对应的绝缘层表面颜色一般为黄绿相间的颜色，如图 2-4 所示。

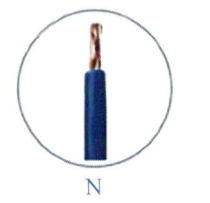 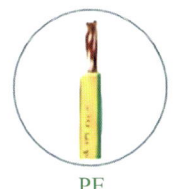

图 2-3　中性线的颜色　　图 2-4　保护线的颜色

不言而喻，接地线即生命线。当用电设备或设施漏电时，电流从用电设备的可导电部分流过，进入保护线，再通过保护线或（和）大地流回电源，从而避免与人体形成导电回路，规避了电流流经人体发生触电。

2. 导体

导体是指电阻率很小且易于导电的物质，是电路中传导电流的通道。导体电阻率越小,导电性越好,在传输电能的过程中损耗越低。铜、铝、钢等是应用最广泛的导体材料。

3. 绝缘

绝缘是指利用不导电材料对带电体进行隔离或包覆,以防止电流泄漏或触电事故。材料的绝缘性能取决于其自身特性及绝缘结构。常见的绝缘材料有橡胶、塑料、陶瓷、玻璃、云母等。

> **小知识:了解绝缘电阻**

绝缘电阻是电气设备或线路最基本的绝缘指标。对于低压配电系统而言:

① 常温下非运行的电动机、配电装置和馈电线路的绝缘电阻不应低于 $0.5 M\Omega$(引自 GB 50150—2016)。

② 开关插座的绝缘电阻不应小于 $5M\Omega$(引自 GB/T 2099.1—2021)。

③ 灯具的绝缘电阻不应小于 $2M\Omega$(引自 GB 7000.1—2015)。

2.2 什么是漏电

通常来说,在电气设备或电路中,电流未经预定的导电通道而流失的现象被称为漏电。漏电就好像漏水一样,在电路中某处绝缘受损(如同水管管道有裂缝)时,电流就会通过该绝缘受损点流出,造成漏电隐患。漏电逻辑,如图 2-5 所示。

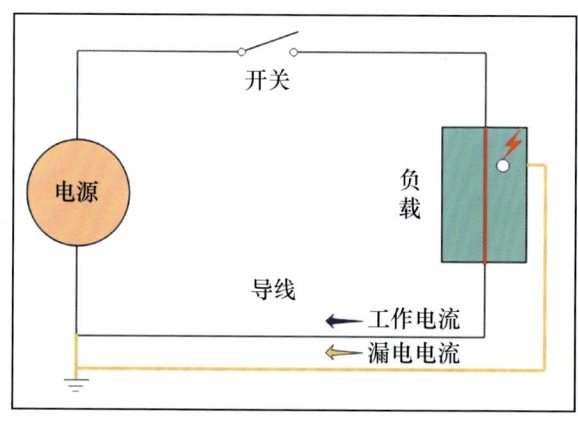

图 2-5 漏电逻辑示意

正常情况下，电流按图 2-5 中预定的负载（红线）回路流通，实现能量转化。当回路某处出现绝缘故障时（图 2-5 中白点位置），此时，在电势能的作用下，电流就会通过该绝缘故障点、设备金属外壳、接地线等途径流回电源。发生漏电时，人一旦触及该绝缘故障点、设备金属外壳或关联性金属部件，就可能会有触电的危险。

2.3 漏电是怎样产生的

1. 正常泄漏与非正常泄漏

（1）正常泄漏

低压配电系统由于受绝缘材料本身属性、负荷性质及使用环境的影响，运行中电流总会存在一定的轻微泄漏。这个泄漏属于正常泄漏，具备固有特性和限值指标，不具有危险性。正常泄漏电流不仅来自变压器，线路和用电设备同样会产生。线路和用电设备对地的正常泄漏电流分布特点不同，前者是沿线路有规则的分布，而后者基本是由其绝缘材料自身属性决定的。

线路或用电设备正常对地泄漏电流分布如图 2-6 所示，其中 A、B、C 是用电设备，其余部分是线路。

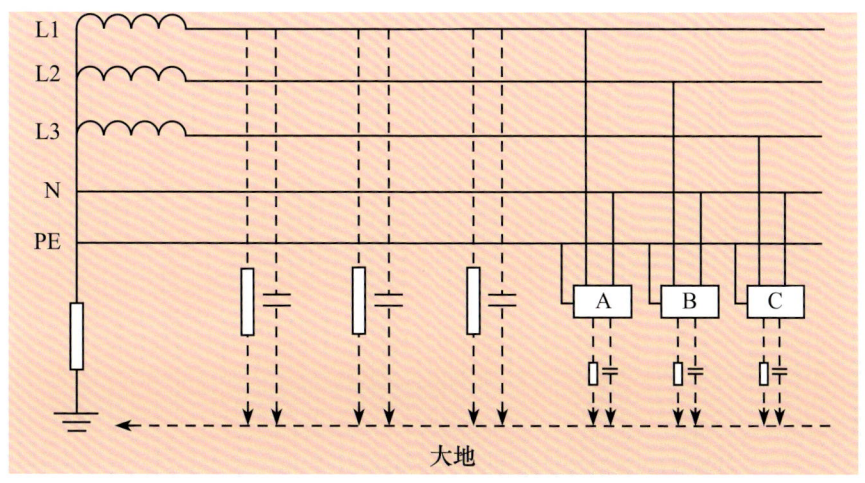

图 2-6　线路或用电设备正常对地泄漏电流分布示意

漏电防范简明科普

小知识：了解泄漏电流限值

① 常用电气设备的泄漏电流限值。

常用电气设备的泄漏电流参考值，如表 2-1 所示。

表 2-1　常用电气设备的泄漏电流参考值

名称	泄漏电流（mA）	名称	泄漏电流（mA）
计算机	1~2	小型移动式电器	0.5~0.75
打印机	0.5~1	滤波器	1
复印机	0.5~1.5	荧光灯（安装在金属件上）	0.1
电传复印机	0.5~1	荧光灯（安装在非金属件上）	0.02
注：计算不同电气设备总泄漏电流时，需按 0.7/0.8 的因数修正			

引自《工业与民用供配电设计手册（第四版）》。

② 穿管敷设的低压线路泄漏电流限值。

220V/380V 线路穿管敷设电线泄漏电流参考值，如表 2-2 所示。

表 2-2　220V/380V 线路穿管敷设电线泄漏电流参考值（mA/km）

名称	导线截面面积（mm²）											
绝缘材质	4	6	10	16	25	35	50	70	95	120	150	185	240
聚氯乙烯	52	52	56	62	70	70	79	89	99	109	112	116	127
橡皮	27	32	39	40	45	49	49	55	55	60	60	60	61
聚乙烯	17	20	25	26	29	33	33	33	33	38	38	38	39

引自《工业与民用供配电设计手册（第四版）》。

③ 部分低压电动机的泄漏电流限值。

电动机的泄漏电流参考值，如表2-3所示。

表2-3 电动机的泄漏电流参考值

额定功率（kW）	1.5	2.2	5.5	7.5	11	15	18.5	22	30	37	45	55	75
泄漏电流（mA）	0.15	0.18	0.29	0.38	0.50	0.57	0.65	0.72	0.87	1.00	1.09	1.22	1.48

引自《工业与民用供配电设计手册（第四版）》。

④ 厨房电器泄漏电流限值。

一般来说，Ⅰ类（带有接地保护）厨房电器，例如，抽油烟机、微波炉、电烤箱、洗碗机、消毒柜等的泄漏电流不应超过0.75mA，Ⅱ类（具有双重绝缘或加强绝缘）厨房电器，例如，电水壶、电磁炉、豆浆机、榨汁机、料理机、电饼铛、煮蛋机等的泄漏电流不应超过0.25mA（数据引自GB 4706.1—2005）。但具体到某一款厨房电器，还需参照其对应的产品标准来确定准确的泄漏电流限值要求。

除上述之外的其他电气设备泄漏电流值一般不应大于3.5mA。（数据引自GB 19517—2023）

（2）非正常泄漏

低压配电系统中的线路、设备等绝缘材料，因机械损伤、受潮、腐蚀、自然老化、过载等原因在某处受损失去绝缘性能，在电势能的作用下，极易通过绝缘故障点、设备金属外壳、接地线（有时为人体）、大地等形成漏电回路。此时，流过绝缘破损处的电流就是非正常泄漏电流。该非正常泄漏即人们常说的"漏电"或"接地"。发生对地漏电或接地故障时，漏电流远大于正常对地泄漏电流。如果接地不良，在接地不良处还伴有危险的漏电压。

非正常漏电常发生在火线与火线、火线与零线、火线与地线、火线与大地，以及零线与地线之间，其中，火线对地线的漏电情况最为常见。火线与火线、火线与零线、火线与地线、火线与大地之间发生的非正常漏电情况，如图2-7所示。图2-7中，"1"表示火线与火线间漏电，"2"表示火线与零线间漏电，"3"表示火线与地线间通过设备外壳漏电。

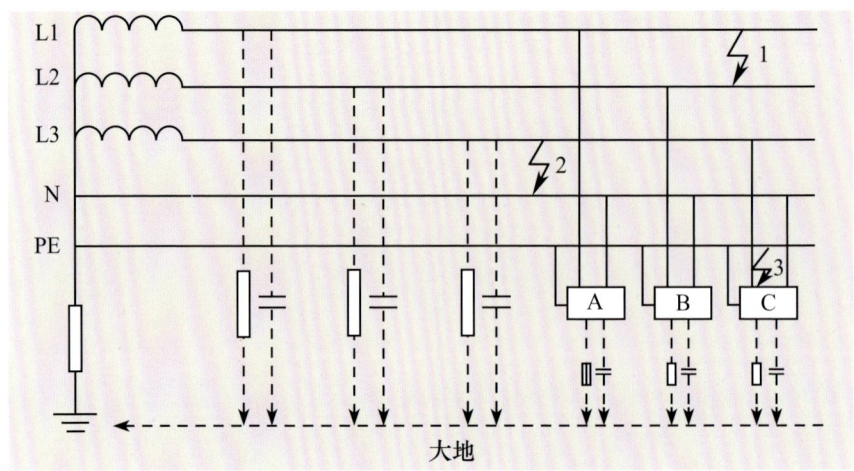

图 2-7 线路或设备非正常漏电示意

火线与火线间的漏电会引发短路,一般通过上下级断路器保护,相对可靠,这种漏电性质较为极端,也超出本科普讨论的范围,在此不进行介绍。火线与地线,以及火线对大地间的漏电情况则比较普遍,有一定的隐蔽性和潜伏期,危害也大,是本科普重点探讨的内容。

2. 用电设备是如何漏电的

正常情况下,电流通过火(相)线、用电设备(如电动机线圈绕组)、零线回到电源。当用电设备某处绝缘受损时,电流就从该破损点流出,经过设备外壳、接地线(有时还会通过人体)回到电源,如图 2-8 所示。

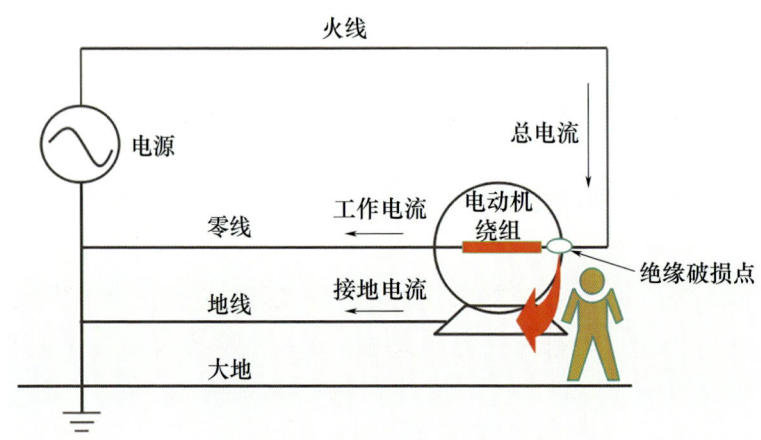

图 2-8 用电设备漏电示意

2.4 漏电的危害有哪些

1. 触电伤亡

一般轻微漏电对人体来说不容易察觉，但严重漏电、特别是漏电电压超过人体安全电压时，一旦与人体形成电流回路，将会引起触电伤亡事故。

> 小知识：漏电为什么会导致人员触电伤亡呢？

● 与人体形成电流回路。

当发生漏电时，原本不应带电的部分（如电气设备外壳）带上了电。人体不小心接触到这些带电部分，电流就会通过人体形成回路。

● 电流会对人体造成危害。

当人体接触到一定强度的电流时，电流会通过人体组织，干扰人体正常的生理功能。其危害主要表现如下。

引起心室纤维性颤动：这是电击致死的主要原因。电流通过心脏时，可能导致心脏的正常节律被打乱，心脏无法有效地泵血，从而危及生命。

导致人体烧伤：电流通过人体时会产生热量，可能导致局部组织烧伤。特别是在电流入口和出口处，烧伤可能更为严重。

导致呼吸停止：电流对人体神经系统的刺激可能使呼吸中枢麻痹，引起呼吸停止。

2. 引发火灾

漏电会引燃漏电点周围的易燃材料，引发火灾事故。

> 小知识：漏电为什么会引发火灾？

● 漏电电流会产生热量。

电气系统内，正常连接点处的接触电阻一般很小，工作电流不会使连接点过热，而漏电时，漏电电流在非正常路径中流动，漏电电流会很大，即使在很小的电阻上也会产生大量的热量。当热量积累到一定程度，超过周围可燃材料的燃点时，就可能引发火灾。

- 漏电会引发短路。

漏电可能会逐渐破坏电线或电气设备的绝缘层，进而引起短路。短路产生的高温极易在短时间内引燃周围的可燃物。

- 电弧放电易引燃可燃物。

漏电处可能会产生电弧，电弧温度极高，很容易点燃周围的可燃物。

- 引燃粉尘或气体。

在一些特殊环境，如存在可燃粉尘或易燃易爆气体的场所，漏电产生的火花可能会引燃这些物质，引发火灾甚至导致爆炸。

3. 导致停电

漏电可能引发电路保护装置动作或造成设备损坏，从而导致停电。

> 小知识：漏电为什么会导致停电？

- 漏电保护装置动作。

为了保障用电安全，电路中通常应安装漏电保护器。当检测到漏电电流超过设定值时，漏电保护器会迅速切断电路，导致停电。

- 短路引发跳闸。

漏电可能会使绝缘受损，进而导致短路。短路时电流会急剧增大，触发断路器跳闸，导致停电。

- 触发电网保护机制。

电网系统具有自动保护功能。当检测到某一区域存在漏电等异常情况时，为了防止故障扩大，影响电网的整体稳定运行，会自动切断该区域的供电，导致停电。

- 设备损坏。

严重的漏电可能会损坏电气设备内部的元器件，导致设备故障无法正常运行，从而造成停电。

4. 电能损失

漏电会产生无效的能量损耗，导致电能损失。

> 小知识：漏电为什么会损失电能？

●电流泄漏。

漏电意味着电流没有完全按照预定的电路路径流动，而是通过非正常的途径流失到大地或其他物体上。这些泄漏或流失的电流没有被有效利用，从而造成了电能的浪费。

●额外能量消耗。

漏电电流在非设计的路径中流动时，通常会在电阻上产生能量损耗，这些能量损耗大都以热能的形式散发掉。

●增加总电能消耗。

漏电会使电路中的总电流增加，因为除了正常的工作电流外，还有一部分电流泄漏了。然而，电网的供电功率是一定的，总电流增加会导致线路上的电压降增大。为了维持负载端的电压稳定，电源需要输出更多的功率，从而消耗更多的电能。

●降低功率因数。

漏电可能会导致电路的功率因数降低，使电能的利用效率下降，这进一步增加了电能的损耗。

5. 降低用电设备性能

漏电会产生无效的能量损耗，致使用电设备的性能得不到最佳发挥。

> 小知识：漏电为什么会降低用电设备的性能？

●电压不稳定。

漏电会导致电路中的电流分流，使实际到达用电设备的电压不稳定。电压波动可能会影响用电设备内部电子元器件的正常工作，导致设备运行异常、性能下降。

●电磁干扰增强。

漏电电流可能产生额外的电磁场，干扰电气设备内部的电路和信号传输，造成信号失真、噪声增加，从而影响设备的性能和精度。

●发热加剧。

漏电会使部分电能转化为热能，导致设备内部温度升高。高温环境可能会加速电子元器件的老化，降低其使用性能。

● 绝缘性能下降。

长期的漏电会进一步损害设备内部的绝缘材料,使其绝缘性能越来越差,从而影响设备的整体性能和安全性。

● 元器件损坏。

漏电可能会对一些敏感的电子元器件造成直接损害,如击穿晶体管、损坏集成电路等,进而降低设备的性能。

2.5 常见的漏电保护方式有哪几种

目前,我国低压配电系统漏电保护方式主要有四种。

① 漏电断路器。这是一种重要的电气保护装置,可提供全面的安全用电保护,兼具过载、短路和漏电保护等功能。漏电断路器既可以在过载和短路情况下切断电路,又能防止漏电引起的触电危险,常作为电源总开关用。漏电断路器如图 2-9 所示。

② 漏电保护器。其又称剩余电流动作保护器,英文缩写为 RCD,是防止触电、火灾等事故的一种有效防护方式。当电路设备发生漏电时,漏电保护器通过检测线路中的剩余电流来切断电源,常用在线路末端。漏电保护器如图 2-10 所示。

③ 接地线。其主要是通过电气设备接地和接零来实现漏电保护。电动机的接地保护如图 2-11 所示。

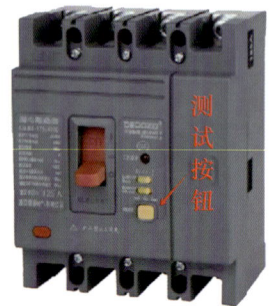

图 2-9 漏电断路器

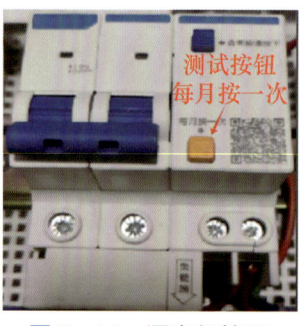

图 2-10 漏电保护器

图 2-11 接地保护

④ 漏电回流谐波抑制装置。其主要是在电路中并联安装漏电回流谐波抑

制装置，实现漏电"事前预防、事中解决""漏电不伤人"的保护目的。这是在接地线、漏电保护器和漏电断路器保护失效的情况下提供的第四种保护方式。

2.6 低压配电系统有哪些漏电点

通俗来说，低压配电系统是指从台区配电变压器低压端开始到用电终端所包含的线路、配电装置与设施、用电设备或用电器等的总称。从漏电形成的过程不难看出，绝缘越薄弱的地方就越容易漏电。虽然组成电路的各个环节都存在漏电的可能，但经常性的漏电点却存在一定的规律。从应用实践来看，低压配电系统常见的漏电点主要集中于以下几个方面：

① 电源。如入户电源、蓄电池、小型发电机等。

② 电线电缆。如电线电缆的接头处、弯折处、被挤压和频繁移动拉拽的部位、与其他设备设施的连接处，以及长期暴露在外界环境部分等。

③ 配电装置与设施。如各类场所设置的配电柜、配电箱及其内部组件等。

④ 开关电器。因频繁使用，经常出现漏电现象的开关电器，如控制开关、插座、移动插排等。

⑤ 用电设备。用电设备是低压配电系统的主要漏电点，应予以重点关注。由于用电设备存在电源线拖动、内部元器件故障、过载、受潮、使用不当或接地不良等问题，极易漏电。这些用电设备包含且不限于企业经常使用的电动机、发电机、电焊机、电烤箱与干燥设备、除尘装置等；农村使用的照明器具、农产品加工设备、灌溉设施等；社区安装应用的路灯、电梯、健身器材等；学校配置安装的教学器具、试验仪器等；家庭使用的配电箱、电冰箱、空调、电视机、洗衣机、电热水器、带电源线的各类小型用电工具，以及一些小家电等，不一而足。一些常见漏电点的漏电隐患情形，如图 2-12~图 2-15 所示。

图 2-12　电缆破损隐患情形

图 2-13　路灯杆漏电隐患情形

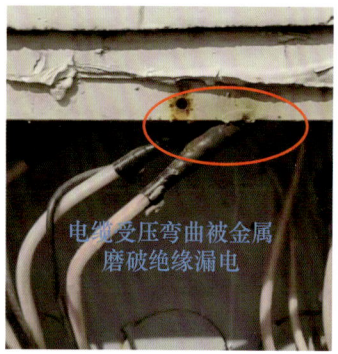

图 2-14　路灯电缆漏电情形

图 2-15　移动插排漏电情形

3 为什么会漏电

漏电是材料绝缘性能变化累积的结果。表面上看，是因隔离或包裹导体的绝缘材料绝缘性能下降导致，但进一步分析探究可知，漏电可能与以下因素有关。

3.1 设备或线路自身问题

✘ 产品老化。

随着使用时间的增加，电气设备设施或线路的绝缘层可能会老化，出现变硬、开裂等情况，导致材料绝缘性能下降，从而引发漏电。例如，一些老旧房屋中的电线，经过多年的使用后，绝缘层因老化而变硬、脆化、起皮、脱落，引起漏电。

✘ 质量原因。

在电气设备或电线电缆的生产过程中，不慎使用了一些劣质的元器件或绝缘材料，或由小厂代工，作坊式生产，质量管理体系不健全，质量控制措施不完善，导致出现一些残次品。例如，某些山寨品牌的家用电器，其内部电路绝缘做得不科学、不规范，耐用性未达标，使用一段时间后就可能发生漏电现象。

✘ 意外损坏。

电气设备或线路在受到外力撞击、震动、过热等因素影响时，可能会损坏内部的绝缘结构，导致漏电。例如，电热水器不慎掉落或受到撞击后，使内部的电路绝缘层破损，引发漏电。

3.2 安装施工不规范

✘ 安装施工不够科学。

在电气设备安装和线路敷设施工过程中,未认真确定设备的安装环境、安装方式、安装地点、保护与接地形式,未充分研究线路的走向、长度与连接点的位置,未严格按照标准规范和设计的要求进行安装施工。

✘ 工艺细节不够严谨。

在电气设备安装和线路敷设施工过程中,未严格按照相关标准规定的工艺要求进行操作,特别是在电线电缆的接头处、与电气设备及开关的连接处、接地线的安装点等部位的工艺细节处理不够认真、严谨、科学和规范,甚至为了赶工期,造成设备安装不牢固、电源接线不可靠、接地质量不达标等问题,存在漏电隐患。

✘ 安全检查不够全面有效。

安装施工结束,未对电气设备的划痕、损伤、变形等进行全面的外观检查,也未系统性地对产品的功能、性能及接地质量等进行全面有效的检查,甚至未检测设备和线路的绝缘电阻、接地电阻、保护灵敏度等参数。

3.3 操作使用不当

✘ 未在规定的环境条件下使用。

电气设备长期处于高温、潮湿、多尘等恶劣环境中,可能使其内部的绝缘材料性能下降,增加漏电风险。

✘ 过载使用。

电气设备在超过其额定功率或负载的情况下运行,会导致电路过热,进而破坏绝缘,引发漏电。

✘ 未严格按照产品说明书的要求使用。

3.4 保护功能失灵

✘ 产品保护功能失灵。

保护装置故障、选型不当、长期未测试和维护，以及受恶劣环境影响，如高温、潮湿、强电磁干扰等，都可能会影响电气设备保护装置的正常运行，使其误动作或拒动作。

✘ 产品保护功能缺失。

因设计缺陷、成本削减和技术水平限制等无法实现有效的漏电保护。

3.5 维护保养不到位

✘ 缺乏定期检查。

未能按照规定的时间间隔对电气设备进行全面检查，使得漏电隐患未能及时被发现和处理。

✘ 清洁工作存在疏漏。

电气设备表面会积累灰尘、污垢、水汽等，这些物质可能会渗透到电路中，影响绝缘性能。

✘ 未及时更换老化部件。

如电线外皮老化、绝缘材料脆化等，若不及时更换，容易造成绝缘失效而漏电。

✘ 维护操作不当。

在维护过程中，操作手法不规范，如粗暴拆卸、错误安装等，可能损坏电路的绝缘结构。

3.6 安全防范意识不强

✘ 忽视警示标识。

对电气设备上的安全警示标识视而不见，未采取相应的防护措施就进行操作。

✘ 未经专业培训指导。

没有接受过专业的电气安全培训指导，缺乏必要的安全知识和技能；不了解漏电的风险和防范措施，擅自操作。

✘ 冒险作业。

为了赶进度或图方便，明知电气设备存在安全隐患仍强行开启作业。

✘ 对故障重视不够。

在发现电气设备设施有异常情况时，如轻微的漏电现象、异味或异常声响等，未予以足够重视，没有及时停止使用并进行检修。

3.7 其他原因

除了上述提到的原因，漏电还可能由以下情况导致。

✘ 动物啃咬。

如老鼠、蚂蚁等动物啃咬电线外皮，造成电线绝缘破损，引发漏电。

✘ 自然灾害。

如雷击、洪水、地震等自然灾害可能损坏电气设备的绝缘结构，导致漏电。

✘ 化学腐蚀。

电气设备所处环境中的化学物质对电线、绝缘材料等产生腐蚀作用，降低其绝缘性能。

4 漏电有哪些异常现象

漏电的发生并不是没有征兆的。轻微的漏电不易被觉察和发现,但严重时,常会出现一些明显的异常现象。有以下这些异常现象就需要警惕是否存在漏电问题。

4.1 电度表读数异常

在电气设备使用频率和时长未明显变化的情况下,电度表的读数与正常时间段内的读数明显不同,电费也有明显变化,这有可能是漏电导致。

4.2 断路器跳闸频繁

断路器或漏电保护器频繁跳闸,尤其是在没有过载或短路的情况下。

4.3 线路局部发热

线路发热甚至变形,线路周围有过热的痕迹。

4.4 线路或电气设备有异味

线路或电气设备出现异味,可能是漏电产生的热量导致内部部件发出焦糊味,应警惕。

4.5 电气设备指示灯显示不正常

如灯光闪烁、电气设备运行时断时续、声音异常等。

4.6 电气设备外壳带电

当手指背触碰到电气设备外壳时,会有麻电感或刺痛感。

4.7 电气设备使用寿命缩短

漏电会导致电器设备寿命变短,其原因可能有以下几点:

● 电流异常致使电子元器件加速老化。

漏电会使电路中的电流出现异常,这可能导致电子元器件承受不正常的电流和电压,引起局部发热,致使其老化加剧甚至损坏。

● 绝缘逐渐被破坏,导致电气设备整体损坏。

漏电会逐渐破坏电气设备内部的绝缘材料,使其绝缘性能下降,若不能及时处理会形成恶性循环,加速电气设备整体损坏。

● 不稳定运行缩短电气设备使用寿命。

漏电会导致电气设备运行不稳定,频繁出现故障和异常,这也会缩短其正常使用寿命。

5 如何排查漏电隐患问题

漏电隐患具有潜在的危险性,如不及时排查与处理,可能会造成严重的后果。那么,漏电隐患该如何排查呢?下面是一些常见的排查方法。

5.1 观察电气设备外观是否正常

观察电气设备外观是否正常,查看电气设备的电源线,特别是插头或弯折部位是否破损、绝缘层是否有磨损、插头是否有烧焦或变形的迹象。

5.2 询问相关人员了解设备状况

排查漏电问题时,了解谁在操作使用相关电气设备是很有必要的。

首先,可以询问设备的日常使用者,他们对设备的状态性能、使用习惯,以及在使用过程中是否存异常最为清楚。

其次,询问负责设备维护和保养的人员,了解设备的维护记录和近期的维护操作情况。

最后,如果是在工作场所或公共场所,还可以询问现场的管理或监督人员,他们可能对整体的使用情况有一定的了解和把控。

5.3 查看计量表读数是否正常

通过查看计量表的读数来判断是否存在漏电异常,是一种较为常见且有效的方法。

正常情况下,计量表的读数应该与使用者对电气设备使用的预期相符。如果读数明显高于正常使用情况下的预期值，可能存在漏电现象。

然而，要准确判断漏电，仅依靠计量表读数异常可能还不够，还需要结合其他因素进行综合分析。例如，同时检查电气设备的运行状况、是否有异常发热或异味等。

另外，计量表本身也可能存在故障，导致读数异常，所以在判断漏电时，需要排除表计故障的可能性。

5.4 闻听电气设备有无异味异响

闻电气设备及周围线路有无异味是判断是否存在漏电故障的一种简便方法。如果闻到电气设备及周围线路散发出刺鼻的焦糊味，很可能是因为漏电导致电线或元器件过热，绝缘材料受热分解产生异味。这种情况下，通常意味着电气设备内部已经出现了较为严重的问题，需要立即停止使用。

但有时候，异味也可能是由其他原因引起，比如电气设备初次使用、长时间高负荷运行导致的正常发热、内部灰尘积累过多等。

听电气设备是否有异常响声，也是判断漏电故障的一种简便方法。但这种方法和闻气味方法一样，同样还需要辅助其他方法进行进一步确认。

所以，仅通过闻听异味异响方法来判断漏电并不完全准确，还需要结合其他检查方法来综合判断。

5.5 检查保护功能是否正常有效

按压漏电保护器的测试按钮，检查漏电保护器是否能正常跳闸。能正常跳闸说明漏电保护器功能正常，否则要检查原因，并予以更换。

5.6 检测相关电气指标有无异常

漏电问题涉及的主要电气指标有两个，一个是绝缘电阻阻值，另一个是漏电流大小。

在断电情况下，使用万用表或绝缘电阻表检测电路或电气设备的绝缘电阻。用万用表测量时，首先要断电，然后将万用表的功能开关拨到兆欧挡位，用一个表笔接触接地线，另一个表笔接触火（相）线。如果测量的绝缘电阻阻值无穷大，说明电路不漏电；如果阻值小于 0.5MΩ（不同的电气设备有不同的标准要求），说明某处可能有漏电，需要排查。绝缘电阻表的检测方法与万用表的检测方法类似。

在不断电情况下，用钳形电流表测量电路的漏电流。这是判断电路是否存在漏电问题最直接有效的方法。

对于单相电路，钳形电流表钳口直接夹住火（相）、零线，此时，钳形电流表读数为零，说明电路不漏电，否则，说明电路存在漏电问题。

对于三相（A、B、C）电路，钳形电流表钳口要直接夹住三根火（相）线，检测数值为零，说明电路不漏电，否则，说明电路存在漏电问题。

对于三相四线制（A、B、C、N）电路，钳形电流表钳口要直接夹住四根线，检测数值为零，说明电路不漏电，否则，说明电路存在漏电问题。

5.7　查验电气设备外壳是否带电

查验电气设备外壳是否带电是排查漏电的一种常见且重要的方法。

可以使用验电笔或万用表来进行检测。用验电笔测量时，手握验电笔上部金属部分，验电笔笔尖接触电器或设备外壳，如果氖泡发光，说明外壳带电。使用万用表时，将量程选择交流电压档，先用黑表笔接地，然后用红表笔接触电器或设备外壳，如果测量到 0V 以上的电压值，表明外壳带电。万用表测量比验电笔测量精准。

需要注意的是，在进行检测操作前，一定要确保自身安全，遵循相关的电气安全操作规范。

5.8　确认保护接地装置是否完好

检查电气设备的保护接地是否完好，接线有无松动、接地不良的现象。如果要进一步了解接地是否良好,需要用专业仪器设备(如接地电阻测试仪)精确测量,一般情况下也可用万用表粗略测量、判断。测量方法类似测绝缘电阻,不过功能开关要选择最小电阻(×1)挡位。

小贴士

排查漏电隐患是一项技术性很强的工作,应由具备相关电气知识和技能的专业人员操作,确保安全。

6 常见场所有哪些漏电防范方法

企业、农村、社区、学校、家庭是国务院安委会办公室、应急管理部于2020年5月在《推进安全宣传"五进"工作方案》中提出和确定的加强社会公众安全宣传教育大力推进的场所,都涉及用电,离不开用电安全。因此,在这五类场所进行漏电防范知识科普既是对《推进安全宣传"五进"工作方案》的深化落实,也是加强社会公众安全宣传教育、构建和谐社会、保障人民生命财产安全的重要举措。

漏电防范的目的不只是防触电。防触电是要采取一切必要的方法和措施防止人体直接或间接接触带电导体而引起的触电事故的发生。漏电防范是要采取一切必要的措施方法全面保障电气装置、设施、设备、线路等电路中各个环节的绝缘良好,使其免遭机械损伤、环境影响、腐蚀、自然老化、使用不当等原因带来的绝缘性能的下降,从而有效避免触电伤亡、火灾、停电等各种事故的发生。漏电防范解决的是安全"源"和"本"的问题。

因此,本章根据漏电产生原因、形成机理、标准要求、防范手段、技术发展实际、实践经验等,结合企业、农村、社区、学校、家庭用电特点,介绍一些漏电防范的基本原则和方法。

企业、农村、社区、学校、家庭漏电防范应遵循的基本原则和要求包括且不限于以下几种:

① 选用合格产品。选购具有合格证、3C质量认证、能效等级标识且符合国家标准要求的产品。

② 定期检查。包括对电线电缆、开关插座、电气设备与设施外壳、接地线等方面的完好性检查,查看是否有磨损、破裂、老化、动物啃咬、损坏等痕迹。

③ 保持用电设备干燥。避免在潮湿环境中使用电器,特别是水直接接触

到的地方。

④ 避免过载。不要在一条线路上同时使用两个及以上大功率电器，以免超过电路的负载能力。

⑤ 教育和培训。让使用者了解安全用电知识，规范操作电气设备。

⑥ 避免在雷雨天使用电气设备，并且拔掉不必要的电器插头，或者切断电源。

除了基本要求外，企业、农村、社区、学校、家庭还有一些可采用的漏电防范方法分别予以介绍。

为避免重复，同类用电设备仅在一个场所介绍。

6.1 企业

1. 用电的特点

● 用电量大。为满足生产要求，企业通常配备有众多大小不一的各类电气设备。这些电气设备的运行需要消耗大量的电能。

● 电气线路长，用电环境复杂，出现漏电的概率相对较高。

● 企业生产一般需要连续运行，不允许停电。企业生产过程中一旦停电，可能会导致生产中断，甚至造成产品报废、生产事故及经济损失等严重后果。例如，化工企业的化学反应过程、电子芯片制造中的晶圆加工等，都需要稳定的电力供应。

同时，企业生产对电能质量的要求较高。许多企业的用电设备对电源的电压、频率等参数的变化非常敏感。例如，精密仪器制造企业的高精度加工设备、通信企业的通信设备等，都需要可靠稳定的电能质量。如果供电电压偏差、频率偏差、三相电压不平衡度、谐波等电能质量指标不符合要求，这些精密设备有可能被迫停运。

● 一般有专业的运行维护人员。

● 季节性用电差异明显。

2. 可采用的漏电防范方法

电线电缆

✓ **正确选用**：选用规格型号满足设计要求的合格产品。

✓ **规范施工**：按相关规定安装施工，确保电线电缆的敷设符合标准规定要求。避免由外部热源产生的热效应带来的损害。防止过度弯曲，防止在使用过程中浸水受潮、腐蚀，防止外部机械性损害，防止小动物啃咬等。在有大量灰尘的场所，应避免由于灰尘聚集而对散热带来的影响。

电缆

✓ **做好绝缘处理**：做接头时，应使用合适的绝缘胶带、套管等材料，对电线电缆的接头进行处理，确保绝缘层完整无破损。需要注意的是，电缆线路中间应无接头。

小贴士

电线电缆的施工必须由专业技术人员完成。

电动工具

✓ **接入电源可靠**：电动工具应接入装设漏电保护器的单独插座回路。

✓ **关注插头与插座**：确保插头完好无损，插入插座时紧密稳固，不松动。

手电钻

✓ **避免过度弯曲电线**：在使用中，注意不让电线过度弯曲或被重物碾压，防止内部导线和外部绝缘受损。

✓ **维修与更换部件**：一旦发现工具出现故障或有漏电迹象，立即停止使用，找专业人员维修，损坏的部件应及时更换。

电锯

电焊机

✓ **使用前检查**：使用前应检查电焊机的外壳、电缆线、插头、接线柱等部位，查看是否有破损、老化、松动等情况，检查电焊机的绝缘、接地是否可靠，是否符合相关标准要求。

电焊机

√ **正确使用**：应按电焊机的说明书操作使用，避免在潮湿、淋雨的环境中使用。

√ **线缆保护**：电焊机的电缆线应避免受到机械损伤、高温、腐蚀等，如有破损，应及时更换。

小贴士

为安全起见，宜利用漏电回流谐波抑制装置进行保护。

工业干燥设备

√ **温度监控**：配备准确的温度监控装置，防止温度过高损坏绝缘材料。

√ **过载保护**：设置合理的过载保护装置，避免设备因过载运行而引发漏电故障。

√ **绝缘检测**：定期对加热元器件、设备外壳进行绝缘电阻检测。

√ **正确接地**：确保设备外壳良好接地，接地电阻应小于 4Ω。

工业干燥设备

√ **安装漏电保护装置**：在设备的电源端安装漏电回流谐波抑制装置。

小贴士

上述工作必须由专业技术人员完成。

配电柜（箱）

√ **清洁与防潮**：保持配电柜（箱）内部清洁，避免灰尘和杂物堆积。同时，确保配电柜干燥通风，必要时安装防潮除湿设备。

√ **可靠接地**：保证配电柜（箱）的接地系统完好且接地电阻符合标准规定的要求。

配电箱

√ **绝缘检测**：定期对配电柜（箱）内的电气元器件和线路进行绝缘电阻测试，及时发现绝缘性能下降的部件并进行更换或修复。

√ **安装漏电保护装置**：在二、三级配电柜（箱）的进线和出线端安装漏电回流谐波抑制装置进行保护。

> 小贴士
>
> 检测与安装工作必须由专业技术人员完成。

发电（电动）机

✓ **定期检测**：定期对发电（电动）机的定子、转子、绕组等部件绝缘进行检查检测，确保具有足够的绝缘性能。

✓ **正确安装与接地**：安装应保证稳固水平，确保接地电阻符合标准规定要求。

✓ **规范操作**：操作人员应严格按照操作手册和规程的要求启动、运行和停运设备，避免过载、短路等不当操作。

✓ **安装漏电保护装置**：在发电机的出线端、电动机的进线端安装合适的漏电断路器、漏电回流谐波抑制装置进行保护。

发电机

水泵电动机

> 小贴士
>
> 相关安装工作必须由专业技术人员完成。

照明灯具

✓ **定期检查**：定期对照明灯具进行检查，包括灯具外壳、灯罩、灯泡、电线、接线端子等，查看是否有损坏、老化、松动的情况，必要时进行绝缘电阻检测。

✓ **远离热源**：灯具应远离高温热源，防止电线和绝缘材料因过热而老化。

✓ **接地保护**：确保灯具的金属外壳可靠接地。

✓ **及时维修更换**：发现灯具出现故障、闪烁、冒烟等异常情况，应立即停止使用，并及时维修或更换。

照明灯具

> 小贴士
>
> 绝缘电阻检测必须由专业技术人员完成。

移动电源

√ **避免磕碰损伤**：在使用和携带过程中，注意保护，避免移动电源受到强烈的碰撞、挤压和摔落，防止外壳和内部元器件受损。

√ **不过度充放电**：遵循移动电源的使用说明，避免过度充电和放电，以免影响电池寿命和性能，增加漏电风险。

√ **不私自拆解**：非专业人员切勿私自拆解移动电源，以免破坏内部结构和电路，导致漏电。

移动电源

6.2 农村

1. 用电的特点

● 电气设备老旧。一些农村地区的电气设备使用时间较长，老化、损坏现象较为常见，电源及插座线路普遍无接地线，存在较大的漏电隐患。

● 受环境因素影响。农村地区的自然环境较为复杂，如风雨、雷电、潮湿等天气条件，容易对电力设施造成损坏，引发安全事故。

● 缺乏专业维护人员。农村地区电力维护人员相对较少，电力设施的巡检和维护不够及时、全面，漏电故障处理可能会延迟。

● 临时用电漏电风险较大。在农田灌溉、农产品加工等农业生产过程中，临时用电较多，且作业环境较为恶劣，电气设备维护保养不及时，电线电缆经常被拉拽，容易导致绝缘破损、受潮、老化等问题，存在不同程度的漏电隐患。

● 村民安全意识相对薄弱。缺乏必要的用电安全知识和自我保护意识，存在使用假冒伪劣电器、私拉乱接电线、过载使用等违规用电行为。

2. 可采用的漏电防范方法

潜水泵

√ **定期检查维护**：定期对潜水泵电机进行全面检查，包括电源线、接线部位、密封部件等。查看电源线是否磨损、老化、裂口，电机绝缘电阻是否正常，密封部件是否完好。

✓ **防水处理**：对于可能接触水的部位，如电机接线盒、电缆进线口等，要做好防水密封措施。

✓ **安装漏电保护装置**：安装漏电断路器、漏电保护器、漏电回流谐波抑制装置进行保护。

潜水泵

小贴士

上述安装操作必须由专业技术人员实施。

电动脱粒机

✓ **检查维护**：定期对脱粒机电机进行检查和维护，包括清洁、紧固接线端子、检测绝缘性能等。

✓ **防水防潮**：在存放和使用脱粒机时，注意防水防潮，避免电机和线路因受潮而漏电。

电动脱粒机

✓ **接地良好**：保证机体接地良好。

✓ **安装漏电保护装置**：选择安装漏电断路器、漏电保护器、漏电回流谐波抑制装置进行保护。

小贴士

上述安装操作必须由专业技术人员实施。

电风扇

✓ **牢固安放**：若家中有儿童，把电风扇牢固安放在小孩不易靠近的地面，电源线预留一定的长度，防止电风扇在运行中不慎倒地，压伤或扯断电线漏电。

✓ **正确使用**：严格按照电风扇的使用说明书操作，避免错误的使用方式导致电路故障。

✓ **定期检查**：定期检查电风扇的电线、插头、连接插座、漏电保护装置等相关部件，查看是否有破损、老化、开裂、保护失灵等情况。

电风扇

电动三轮车及摩托车的充电器

✓ **防水防潮**：充电器应放置在干燥、通风良好的地方，避免在潮湿、淋雨的环境中使用或存放。

✓ **正确插拔**：插拔充电器时，应握住插头，避免拉扯电线，防止电线绝缘断裂。

✓ **充电检查**：检查直流侧插口与电瓶端接线是否完好，防止在充电过程中因接触不良漏电引起短路。

✓ **保持良好散热**：充电时，确保充电器周围没有遮挡物，保证良好的散热，避免过热损坏绝缘。

充电器

室外插座

✓ **正确选用**：选择具有良好防水、防尘性能的室外专用插座。这类插座通常防护等级较高，可以有效阻挡雨水、灰尘的侵入。

✓ **合理安装**：将插座安装在避雨、防潮且不易被水浸泡的位置，如屋檐下、墙壁高处等。避免安装在低洼处或容易积水、浸水的地方。

✓ **加强防腐**：对于可能受到化学腐蚀的环境，采取相应的防护措施，如使用耐腐蚀的线缆和防护层。

插座

✓ **接地保护**：确保插座正确接地。良好的接地能够及时将漏电电流导入大地，减少人员触电的风险。

✓ **避免过载**：了解插座的额定功率，不连接过多或功率过大的电气设备，防止过载引发过热漏电。

✓ **定期检查**：定期检查插座的外观，查看是否有破损、老化、松动等情况。检查插头与插座的连接是否紧密，有无接触不良的现象。

✓ **安装漏电保护装置**：安装漏电保护器或使用具有漏电本质解决功能的智能插座，一旦发生漏电，可有效保护人员安全。

小贴士

建议采用带有保护功能的智能墙体插座进行漏电保护。

6.3 社区

1. 用电的特点

- 设备设施多样化。社区用电系统种类繁多，包括配电装置、消防设施、门禁系统、路灯、电梯、物业监控设备、中央空调系统、景观照明、户外亮化设施、交直流充电桩、停车场系统等，以及各种家用电器与电子设备。不同用电系统的用电要求和安全隐患迥异。
- 人口密集。社区居住人口相对集中，一旦发生用电事故，可能影响众多居民的生命和财产安全，造成的危害较大。
- 电气线路复杂。社区内的建筑物电气线路布局较为复杂，尤其是老旧小区可能存在线路老化、绝缘破损、过载等问题，增加了漏电、短路和火灾的风险。
- 居民用电习惯差异大。不同居民的用电习惯不同，有的可能存在过度使用插线板、长期不拔电器插头等不良习惯，容易引发用电安全问题。
- 物业电工任务繁重，很难做到面面俱到。个人应是自身安全的第一责任人。

2. 可采用的漏电防范方法

路灯

✓ **正确选用**：选用时除了满足设计标准要求外，还应考虑灯杆检修口距地面的高度，应避免雨涝天气检修口进水漏电。

✓ **防水防潮处理**：路灯的接线盒、控制器等部件应做好防水防潮处理，使用防水胶、防水盒进行防水防潮保护。

✓ **防腐处理**：对于灯杆金属部件进行防腐处理，延长使用寿命，保证其电气安全性能。

✓ **良好接地**：加强接地保护，确保路灯的金属外壳等部分有效接地，将漏电电流及时导入大地，降低触电风险。

路灯

漏电防范简明科普

✓ **安装漏电保护装置**：安装漏电保护器、漏电回流谐波抑制装置进行保护。

✓ **做好巡检检查**：定期检查路灯的外观、线路、接头、灯具、接地等部件，查看是否有破损、老化、松动、接地不良等情况。每月牢记按一次漏电保护器的测试按钮，确保漏电保护装置的功能正常，保护有效。

✓ **环境观察**：关注路灯周围的环境变化，如道路施工、树木生长等可能对路灯线路造成影响的因素，及时采取防护措施。

小贴士

接地检查和漏电保护装置的安装必须由专业技术人员实施。

健身器材

✓ **选用合格设备**：在采购健身器材时，选择质量可靠、符合国家安全标准的产品，从源头上降低漏电风险。

✓ **正确安装**：安装时，确保健身器材安装在空间合适的位置。对于通电型的健身器材，除了考虑功能使用要求外，还应按照相关标准、产品说明书等要求合理敷设电源线路，规范施工，接线牢靠。

跑步机

✓ **防水防潮处理**：确保健身器材干燥、通风，避免雨水或潮湿环境的侵蚀。对于可能接触到水的器材，要做好防水密封措施。

✓ **接地保护**：健身器材的金属外壳应可靠接地，以防止漏电时电流对人体造成伤害。

✓ **安装漏电保护装置**：按要求在健身区域的电路中安装漏电保护器、加装漏电回流谐波抑制装置，一旦发生漏电，能迅速切断电源，及时解除漏电风险。

✓ **定期检查与维护**：定期对健身器材的电路进行全面检查，包括电线的外皮是否破损、插头是否松动、接口是否腐蚀、接地是否良好等。

✓ **警示标识**：在健身区域设置明显的警示标识，提醒使用者注意用电安全，如"小心漏电"等。

小贴士

① 使用前，应检查健身器材外观有无异常/异样。
② 接地电阻检测和漏电保护装置的安装必须由专业技术人员完成。

电梯

✓ **规范使用**：使用者应遵循电梯的正确使用方法，不超载、不违规操作。

✓ **定期维护与检测**：由专业人员对电梯的电气系统进行全面检查，包括电线电缆的绝缘状况、接触器和继电器的工作状态、控制板的性能等。

✓ **培训与应急演练**：对电梯维护人员进行电气安全知识培训，同时制定漏电事故应急预案并定期演练。

电梯

景观喷泉和水池照明

✓ **正确选型**：选用具有良好防水、防潮性能且符合相关安全标准的喷泉、照明设备设施。

✓ **规范施工**：采用防水、耐腐蚀的线缆，并进行规范的敷设、固定，避免线路受损。

✓ **防水处理**：使用防水胶、密封胶等材料对喷泉设备设施与灯具的线路接口进行严格的密封处理。

景观喷泉与水池照明

✓ **接地保护**：应具有完善可靠的接地系统。

✓ **安装漏电保护装置**：安装漏电保护器，加装漏电回流谐波抑制装置或对漏电本质解决系统进行多重保护和防范。

小贴士

上述工作必须由专业技术人员完成。

电动车充电桩

✓ **质量把控**：选择符合国家标准且质量可靠的充电桩设备，确保设备具有良好的绝缘性能。

✓**安装规范**：由专业人员按照规范要求进行安装，保证充电桩与电源的连接牢固，线路敷设合理。

✓**接地良好**：确保充电桩的接地系统有效。

✓**保护装置**：在充电桩的交流侧安装漏电回流谐波抑制装置，在直流侧加装绝缘监测装置。

电动车充电桩

小贴士

上述工作必须由专业技术人员实施。

楼道配电箱

✓**安装规范**：由专业技术人员按照规范进行施工，确保配电箱安装稳固，接线正确、牢固。

✓**定期检查**：定期观察、检查配电箱内各回路的负载及运行情况，不私自在配电箱内取用电，发现元器件和线路异常或有异味时，立即通知专业人员处理。

✓**接地检查**：检查配电箱的接地系统是否完好。

✓**保护装置**：安装漏电保护器、漏电回流谐波抑制装置进行多级保护。

楼道配电箱

小贴士

上述工作必须由专业技术人员操作。

6.4 学校

1. 用电的特点

● 用电时间集中。学校的上课、下课、午休、晚自习等时间段，用电需求会有明显的高峰和低谷。特别是在上下课铃声响起时,用电设备的开启和关闭较为集中,如实验室设备、多媒体教学设备、食堂电器、空调等。

● 用电场所多样。包括教室、实验室、图书馆、体育馆、宿舍、食堂等,不同场所的用电设备和用电需求差异较大。

● 教学设备用电量大。多媒体教学设备、计算机机房、电子白板等现代教学设备的广泛应用,使得用电量显著增加。

● 照明需求高。为了保证良好的学习环境,教室、图书馆等场所对照明的质量和时长都有较高要求。

● 季节性变化。在夏季和冬季,空调、电扇、取暖设备的使用会导致用电量大幅上升。

● 安全管理要求严格。学校作为人员密集场所,对用电安全的要求极高,任何用电事故都可能危及师生的生命安全。

● 假期用电低谷。寒暑假期间,学校的用电量会大幅减少。

2. 可采用的漏电防范方法

试验仪器设备

√ **正确安装**:按照仪器设备安装说明书和相关规范要求进行安装,保证仪器设备接地良好,线路连接正确、牢固。

√ **定期检测**:定期对仪器设备进行电气安全检测,包括绝缘电阻测试、接地电阻测试等,及时发现潜在的漏电隐患。

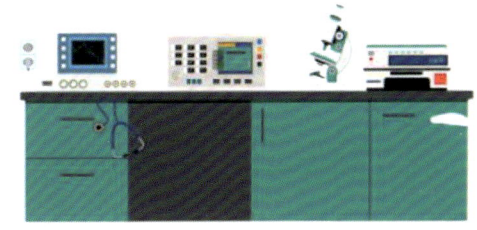

试验仪器设备

√ **线缆保护**:对连接仪器设备的电线电缆进行防护,避免受到机械损伤、化学腐蚀、动物啃咬等。

> **小贴士**
> 上述安装检测工作必须由专业技术人员完成。

漏电防范简明科普

多媒体教学设备

√**专业安装调试**：由具备专业知识和技能的人员进行设备安装与调试，保证线路连接正确、牢固。

√**接地良好**：确保多媒体教学设备的接地正确、可靠、良好。

√**合理使用**：按照操作说明正确使用，不随意扯拉电源线，避免绝缘受损。

√**环境控制**：保持多媒体教学设备干燥、清洁，避免潮湿、灰尘等因素影响。

多媒体教学设备

食堂设备

√**设备选型**：选用质量合格、具备良好绝缘性能和防护等级的设备。

√**安装合规**：由专业人员按照规范要求进行安装，保证设备安装稳固，线路敷设规范，设备接地可靠。

√**定期巡检维护**：定期检查设备的电源线、插头、插座、接口等是否有破损、老化、松动的情况。

√**线缆保护**：注意保护连接设备的线缆，避免其受到挤压、拉扯、磨损。

电蒸箱

√**防潮措施**：保持食堂环境干燥，对于易受潮的设备，可采取防潮处理或安装防潮装置。

√**清洁维护**：及时清洁设备表面的油污和水渍，避免其渗入设备内部造成漏电。

电饭煲

√**过载保护**：合理配置电路的负载，安装过载保护装置，大功率厨电设备应使用大功率插排，防止因过载引发漏电。

√**漏电保护**：采用在电路中安装漏电保护器、漏电回流谐波抑制装置等多重保护方法，确保在漏电瞬间能迅速切除电源，可靠解除漏电风险，保护工作人员的安全。

√**标识警示**：在设备附近张贴明显的安全标识，提醒相关人员注意安全，无关人员禁止靠近。

> **小贴士**
>
> 上述巡检、保护、安装等工作必须由专业技术人员完成。

空调

✓ **专业安装调试**：由具备专业知识的人员进行设备的安装和调试，保证线路连接正确、稳固，接地良好。

✓ **正确使用**：按照设备的操作说明正确使用，不随意插拔线缆，避免过载运行。

壁挂空调

✓ **防水防潮**：避免空调安装在潮湿的环境中，若无法避免，要做好防潮防水处理，如增加防雨罩等。

✓ **清洁维护**：定期清洁空调，特别是外机，防止灰尘、杂物进入机体内部，影响电气性能。

✓ **避免过载**：不要在同一插座上连接两台以上的空调电器，以免造成电路过载，引发漏电风险。

✓ **雷雨防护**：在雷雨天气，尽量拔掉空调插头，避免雷击导致漏电。

✓ **设备更新**：对于使用年限较长的空调，若其部件老化严重，应及时更换，以确保安全。

✓ **保护装置**：由专业技术人员安装漏电保护器、漏电回流谐波抑制装置进行双重保护。

柜式空调

> **小贴士**
>
> 上述保护安装工作必须由专业技术人员完成。

电动伸缩门

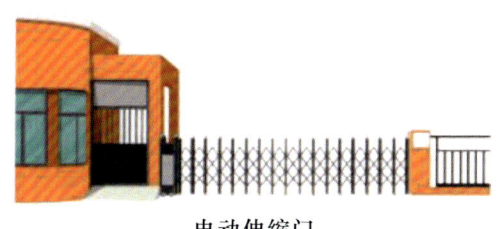

电动伸缩门

✓ **正确选用**：选购质量可靠、符合国家安全标准的电动伸缩门产品，确保其电气部件具有良好的绝缘性能。

✓ **安装规范**：由专业人员按照安装说明书和相关规范要求进行安装，保证线路连接正确、稳固，接地良好。

✓ **定期维护**：定期对电动伸缩门进行检查和维护，包括检查电线外皮是否破损、接口是否松动、电子元器件是否正常等。

✓ **防水处理**：对门体的电气部分进行有效的防水处理，如使用防水罩、密封胶等，防止雨水侵入导致漏电。

✓ **环境保持**：确保电动伸缩门运行环境干燥、清洁，避免积水和潮湿。

✓ **漏电保护**：安装灵敏度高、性能可靠的漏电保护装置，并加装漏电回流谐波抑制装置进行多重保护。

✓ **人员培训**：对负责操作和维护电动伸缩门的人员进行安全培训，使其了解漏电的危害和应急处理方法。

✓ **故障排查**：当电动伸缩门出现异常时，应及时停止使用，并由专业人员进行故障排查和维修，切勿自行拆卸修理。

小贴士

上述工作必须由专业技术人员完成。

6.5 家庭

1. 用电的特点

● 电器需求多样化。家庭电器涵盖照明、日用电器（如电视、冰箱、洗衣机、空调等）、厨房电器（如微波炉、电磁炉、电饭煲、电蒸箱等）及电子设备（如电脑、手机充电器等），不同电器的功率和使用时长也不尽相同。

● 时段性差异。早晚用电高峰明显，例如，早上准备早餐和晚上家庭成员集中活动时，用电量较大，而白天家庭成员外出工作或学习时，用电量相对较少。

- 季节性变化。夏季空调制冷、冬季电暖设备制热，会使这两个季节的用电量显著高于春秋季。
- 安全性至关重要。由于家庭环境中老人、儿童可能对用电安全知识了解不足，容易发生漏电、触电等危险事故，因此用电安全保障尤为关键。
- 节能意识逐渐增强。随着能源意识的提高和电费成本的考虑，越来越多的家庭关注节能型电器的选择和合理用电习惯的养成。
- 智能化趋势。智能家居设备的普及，使得家庭用电的控制和管理更加智能化、便捷化。

2. 可采用的漏电防范方法

家用配电箱

✓ **正确安装**：确保配电箱的安装符合电气规范要求。配电箱内的断路器、漏电保护器、电线等开关元器件及线路应布置整齐、规范，接线牢固，避免电线相互缠绕、挤压、护套及绝缘受损，减少漏电的风险。

✓ **良好接地**：配电箱应接地良好、牢靠。

✓ **安装漏电保护装置**：除按相关标准规定要求在配电箱的插座回路上安装漏电保护器外，配电箱的前端宜加装以漏电回流谐波抑制装置为核心的漏电本质解决

家用配电箱

系统，用于漏电保护器拒动时为家庭提供又一重漏电安全防范措施。正常情况下，家庭漏电间接保护由漏电保护器承担，但当漏电保护器在漏电流达到30mA仍未动作时，该装置将于31mA的设定值启动保护，切断总电源，避免漏电事故扩大。

✓ **避免过载**：不要过多接入超过家庭用电设计容量的电器，以免超载导致危险。

✓ **定期检查**：定期对配电箱及内部电器进行检查，查看电线是否有破损、老化、接头松动等情况。建议至少每年进行一次全面检查。

小贴士

上述安装工作必须由专业技术人员实施完成。

漏电防范简明科普

洗衣机

✓ **不私自拆卸维修**：如果洗衣机出现故障，应由专业维修人员进行修理，切勿自行拆卸。

✓ **插头插座完好**：使用无损坏、接触良好、有接地线的插头和插座，也可使用带有保护功能的智能墙体插座或移动智能插排。

✓ **关注异常现象**：若在使用过程中发现有异味、冒烟、异常声响等，应立即停止使用并切断电源。

洗衣机

电热水器

✓ **专业安装**：由专业技术人员安装调试，保证设备安装稳固，线路连接正确、牢靠，接地完好、良好。

✓ **合理使用**：按照设备的操作说明正确使用，不随意插拔线缆，避免过载运行。

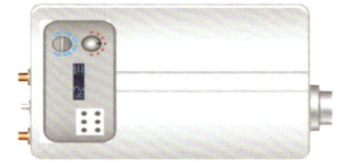

电热水器

✓ **安装漏电保护装置**：在电路中安装高性能漏电保护器、智能墙体插座进行多重保护和防范。

✓ **超龄更换**：电热水器使用达到一定年限后，即使仍能正常工作，也应考虑更换，以防老化部件引发漏电事故。

> **小贴士**
> 漏电保护器的安装和超龄更换必须由专业技术人员完成。

冰箱

✓ **定期清洁**：清理冰箱背部和底部的灰尘、杂物，保持良好的通风散热，防止因过热影响电气部件性能。清洁时注意先拔掉电源插头，避免湿布接触到电路部件。

✓ **检查电源线**：经常查看冰箱电源线是否有破损、老化、裂口等情况。若发现电源线外皮有破损、老化或开裂，应及时更换。

冰箱

✓ **正确接地**：确保冰箱接地良好、可靠。

✓ **勿私自拆卸**：若非专业人员，不要私自拆卸冰箱内部的电气部件。

微波炉

✓ **注意炉门密封**：确保炉门的密封良好，没有变形或损坏，防止微波泄漏和漏电。

✓ **定期清洁**：定期清理微波炉内部的油污和食物残渣，避免积累引起漏电。清洁时务必先拔掉电源插头。

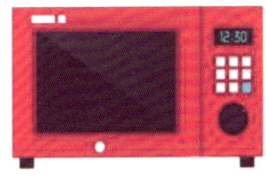

微波炉

✓ **检查电源线**：经常查看微波炉的电源线是否有破损、开裂、老化、接地不良的现象。若有，应及时更换处理。

✓ **不超负荷使用**：遵循微波炉的使用说明，不放入过多或过大的食物，以免导致过载运行。

✓ **避免碰撞**：在使用过程中，避免碰撞微波炉外壳，以防损坏内部电路。

电吹风

✓ **使用前检查**：使用前检查电源线是否有破损、老化、裂口等情况。

✓ **使用中小心**：手持电吹风使用时，不要过度拉扯电源线。

✓ **注意使用时长**：避免长时间连续使用，防止过热损坏内部部件。

✓ **关注异常**：内部电热丝属明火管理范围，使用过程中若感觉有麻手、异味、冒烟等异常，应立即停止使用。

电吹风

电水壶

✓ **正确放置和使用**：将电水壶放置在平稳、干燥且远离水源的地方，使用时避免壶体沾水。

✓ **正确选用插座**：使用移动智能插排或智能墙体插座，避免因漏电、接触不良导致的触电和火灾风险。

电水壶

✓ **避免干烧**：使用时注意水位，切勿让电水壶干烧，以免损坏发热元器件和电路。

✓ **避免碰撞**：使用中小心轻放，避免碰撞导致壶体或底座变形、损坏。

✓ **小心倾倒**：倒水时要小心操作，防止水溅入壶身底部的电器部件。

✓ **检查电源线**：定期查看电源线有无破损、裂口、老化，以及连接插座的接地是否良好等情况。

插排

✓ **选购优质插排**：挑选具备国家质量认证标志的合格插排，或选用具有漏电保护功能的移动智能插排，确保使用安全。

✓ **注意额定功率**：了解插排的额定功率，不能在一个插排上连接两个及以上的大功率电器。必须连接多个大功率电器时，应选用额定功率大于所有负载功率之和且带有保护功能的大功率插排。

普通插排

✓ **防水防潮**：放置插排的位置要干燥，远离水源和潮湿环境，防止水汽侵入。

✓ **保护措施**：插排应良好接地，且须与有漏电保护措施的电源可靠连接。

✓ **定期检查**：经常查看插排的插头、插孔、电线有无破损、变形、松动等情况。

✓ **避免拉扯电线**：插拔插头时，不要直接拉扯电线，以防内部线路受损。

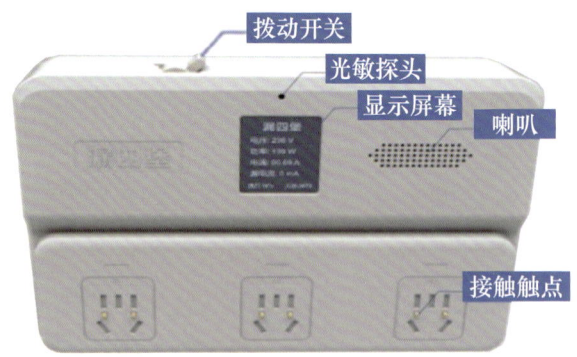

移动智能插排

✓ **小心插拔**：插拔时插头要插紧，避免接触不良产生火花和漏电隐患。

小贴士

使用带保护功能的大功率智能插排时，应详细阅读使用说明书。

附录

漏电防范前沿技术探析
——漏四堡 5G 智慧物联网漏电本质解决方案

自然灾害无法避免,漏电隐患必须可控。为实现公共安全由"事后应急"向"事前预防"转型,预防因漏电造成的人员触电伤亡事故的发生,有效减少电气火灾事故,加快新质生产力发展,助力"智慧中国""数字中国""平安中国"建设,针对低压漏电隐患痛点、防范难点,漏四堡电力科技有限公司技术人员在深入研究分析常规"三保"的基础上,按照国家相关标准规范要求,结合最新前沿科技和行业实践经验,创新提出漏四堡 5G 智慧物联网漏电本质解决方案,旨在通过数字化手段构建第四重漏电防范堡垒。"漏四堡"因此得名。

方案由漏电回流谐波抑制装置、物联网、智慧管理平台组成,以 5G+ 物联网技术为支撑,通过"三级感知"设备部署、系统集成、数据融合,构建覆盖"事前预警—事中解决—事后追溯"的"一网三通"全周期漏电监测防御体系,实现解决用户低压漏电痛点问题的目标。

方案涉及的相关概念解释如下:

● "三保"表示空气开关、接地线、漏电保护器组成的常规漏电保护措施。

● "三级感知"指布设在用户配电变压器低压进线侧、车间(楼栋)分支节点、用户终端的 5G 漏电回流谐波抑制装置。

● "一网"即全域物联感知智慧监测网。

● "三通"包含网络通、数据通、业务通。其中:网络通以"三级感知"设备为基础构建的"天基北斗 + 地基 5G"双通道高速通信传输网络;数据通实现设备体征、环境态势、地理坐标等安全要素多维数据融合;业务通打造集数据监测、预警保护、信息推送、业务管理为一体对接市场与政府相关平台的"四环联动"生态体系。

方案聚焦工业、建筑、新能源领域的相关企业，以及农村、社区、学校、家庭、市政、公共场所等 300+ 应用场景，通过漏电回流谐波抑制"三级感知"设备部署和"一网三通"体系构建，系统地解决低压系统因施工不规范、无接地线、接地电阻不符合国家标准规定要求、漏电保护器忘记每月按一次测试按钮等原因带来的漏电隐患。

方案实施可将系统覆盖区域因漏电导致设备外壳的危险电压降低至人体安全电压内（≤5V），基本解决人员触电伤亡问题，同时能有效减少因漏电引发的电气火灾事故。另外，通过智慧平台管理可提升运维效率 50%~80%，节电节费 3%~8%。

5G 智慧物联网漏电本质解决方案系统配置图、网络拓扑图、平台驾驶舱，如附图 1~附图 3 所示，漏四堡漏电回流谐波抑制装置核心产品概览见附表。

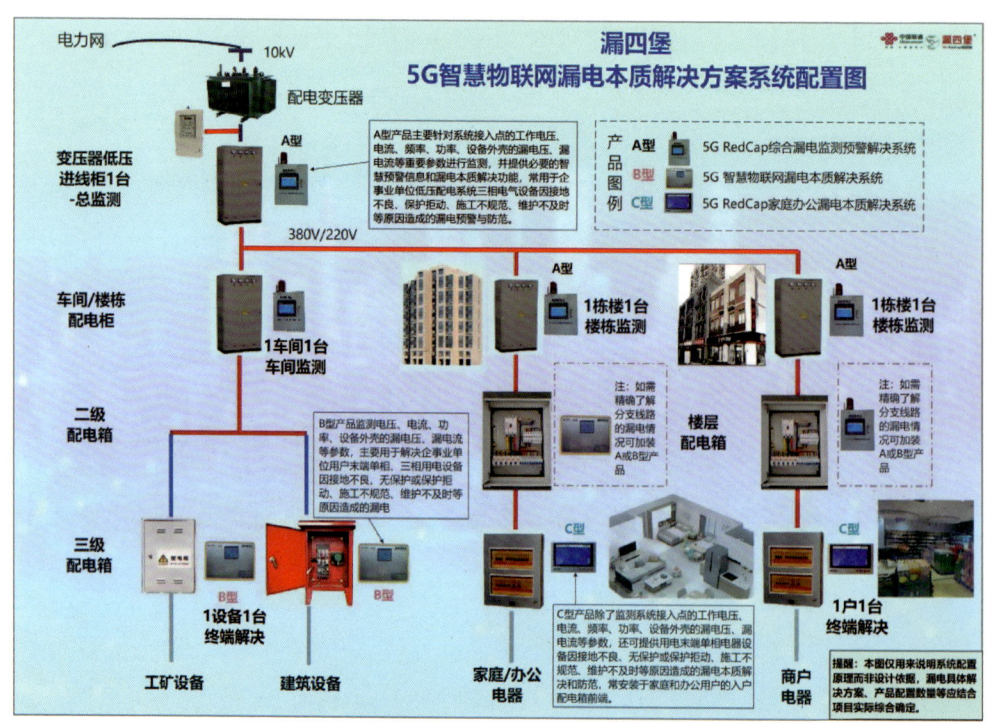

附图 1　5G 智慧物联网漏电本质解决方案系统配置图

附录

漏电防范前沿技术探析——漏四堡 5G 智慧物联网漏电本质解决方案

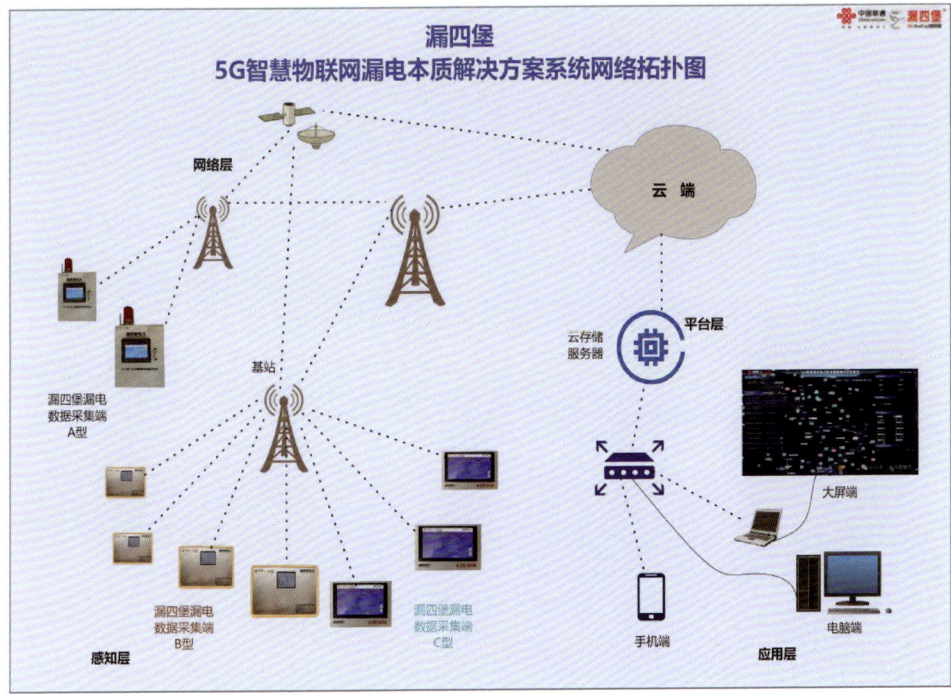

附图 2　5G 智慧物联网漏电本质解决方案网络拓扑图

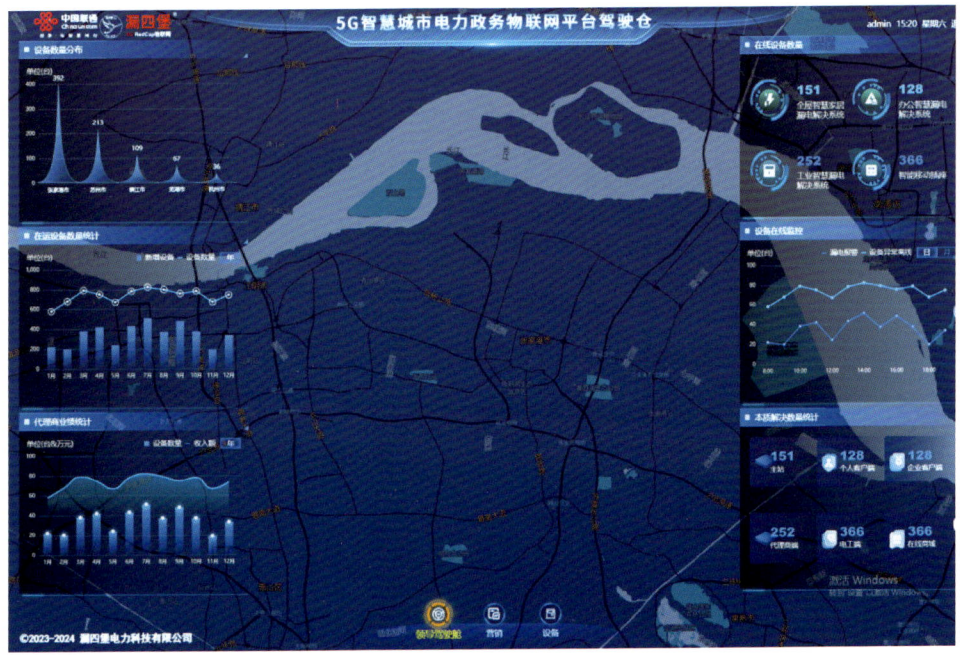

附图 3　5G 智慧城市电力政务物联网平台驾驶舱

附表　漏四堡漏电回流谐波抑制装置核心产品概览

序号	产品名称	产品图片	工作电压	监测参数	功能与特点	联网方式	接线方式	漏电电压控制水平	解决的漏电隐患痛点	授权专利	应用领域或场景	备注
01	5G RedCap 并联电漏电本质解决系统		AC100 ~240V	·电压 ·电流 ·功率 ·频率 ·温度 ·漏电电压 ·漏电电流	·过电压保护 ·过电流保护 ·过功率保护 ·过温度保护 ·漏电电压保护 ·漏电电流保护 ·谐波抑制 ·节能 ·漏电保护可选择动作断电或不断电方式，默认为不断电	5G	并联	≤5V	三相电气设备外壳带电	ZL202310377656.4 ZL202322044668.3 ZL202310378880.5	工业、建筑、新能源领域的相关用电场景，如电动机、水泵、风机、卷扬机等低压电气设备，以及路灯、电动伸缩门、汽车充电桩等设备设施的漏电数据监测、故障报警及漏电问题本质解决	入选"中国联通首届智慧城市领域物联感知与AI应用优秀案例汇编"和采购名录
02	5G RedCap 家庭/办公漏电本质解决系统		AC100 ~240V	·电压 ·电流 ·功率 ·频率 ·温度 ·漏电电流	·过电压保护 ·过电流保护 ·过功率保护 ·过温度保护 ·漏电电压保护 ·漏电电流保护 ·谐波抑制 ·漏电动作即跳闸断电	5G	串联	≤5V	单相电器外壳带电	ZL202310378880.5	家庭或办公场所入户配电箱的前端	入选"中国联通首届智慧城市领域物联感知与AI应用优秀案例汇编"和采购名录

附录
漏电防范前沿技术探析——漏四堡 5G 智慧物联网漏电本质解决方案

续表

序号	产品名称	产品图片	工作电压	监测参数	功能与特点	联网方式	接线方式	漏电压控制水平	解决的漏电隐患痛点	授权专利	应用领域或场景	备注
03	漏四堡5G智慧物联网漏电本质解决系统		AC220V	·电压 ·电流 ·功率 ·温度 ·漏电压 ·漏电流	·过电压保护 ·过电流保护 ·过功率保护 ·过温度保护 ·漏电压保护 ·漏电流保护	5G	串联/并联	≤5V	单相或三相电气设备外壳漏电		工业、建筑、新能源领域的相关应用场景	并联安装时仅具有过电压、漏电压、过温度保护功能

注：1. 序号 01 产品若选择动作断电保护需与外部断路器级联；
2. 表中所列功能指标应以实际产品为准；
3. 石油化工行业需选用防爆类产品。